からすのえんどう
3〜6がつ（②かん）

はるじおん
4〜7がつ（②かん）

かきつばた
5〜6がつ（③かん）

はまひるがお
5〜6がつ（③かん）

りゅうきんか
5〜7がつ（③かん）

みずばしょう
5〜7がつ（③かん）

あじさい
5〜7がつ（①かん）

のあざみ
5〜8がつ（②かん）

おらんだがらし
5〜8がつ（③かん）

監修のことば

花は どうやって さくのでしょうか?

まだ 花が さくまえの ようすは 「つぼみ」と よばれます。

つぼみって ふしぎです。

つぼみの中では 花を さかせる じゅんびを しています。どんな じゅんびを
しているのでしょう? つぼみの中は どうなっているのでしょう?

つぼみの なかみを 見たくなりますが、じっと 花が さくのを まってあげましょう。

つぼみは、まいにち まいにち せいちょうして、だんだん 大きく なっていきます。

いったい、どんな 花が さくかな? たのしみですね。

花に いろいろあるように、つぼみにも いろいろな かたちや いろが あります。

さいている 花は 目立ちますが、つぼみは あまり目立ちません。

つぼみのときから かんさつして みると、もっと その花のことが
わかるかもしれません。もしかすると、あたらしい はっけんが あるかもしれません。

しょくぶつには、さまざまな 花が あります。

どうして いろいろな 花が あるのでしょうか。

もしも、きいろい 花が すぐれていると したら、すべての 花は きいろになって
しまうかもしれません。でも、じっさいには、どの花が すぐれているのかは
きまっていないのです。きいろい 花も、白い 花も、ピンクの 花も、みんな それぞれ
すぐれています。大きい 花も 小さい 花も、みんな それぞれ すぐれています。

どの花が 一ばんということは ありません。どの花も みんな すぐれています。

だからこそ、しょくぶつの つぼみは、まようことなく じぶんの 花を さかせるのです。

稲垣栄洋 (いながき ひでひろ)

1968年静岡県生まれ。静岡大学大学院教授。農学博士。専門は雑草生態学。岡山大学大学院修了後、農林水産省、静岡県農林技術研究所などを経て現職。「みちくさ研究家」としても活動し、身近な雑草や昆虫に関する著述や講演を行っている。著書に、『面白すぎて時間を忘れる雑草のふしぎ』(三笠書房《王様文庫》)、『世界史を変えた植物』(PHP文庫)、『はずれ者が進化をつくる』(ちくまプリマー新書)、『生き物の死にざま』(草思社)など多数。

つぼみのずかん

みずべの はな

稲垣栄洋●監修

金の星社

きれいに　さいた　はなは、
どうやって　つぼみから　ひらくのでしょうか。
このほんでは、みずべの　はなの　つぼみや
さきかたを　しょうかいします。

じめんから
にょきっと
つきでたような
つぼみ

ぶどうの
ふさのような
つぼみ

つんと
とがった
つぼみ

なつに、いけや　ぬまの　みずの　うえで　はなが　さきます。
ぴんくいろや　しろの　おおきな　はなです。

なんの　つぼみでしょう。

はすの　はなと　おおきな　は

はすの　つぼみです。

みずの　うえに　たかく　つきでた
くきの　さきに、はなが　1つずつ
うえを　むいて　さきます。

はすの　はな

はすは　みずぞこの　つちの　なかから、
はの　くきと　はなを　つける　くきとを
のばします。
1つの　はなの　おおきさは
20せんちめーとるほどにもなり、
はなびらの　かずは　10まいを　こえます。
はなの　まんなかにある　じょうろのような
あなに、1ぽんずつ　めしべが　あり、
みに　なります。まわりにある　たくさんの
もしゃもしゃが　おしべです。
つちの　なかで　そだつ　くきは、
「れんこん」と　よばれる　やさいです。

4

まるく　ふくらんだ　つぼみ。
1にちめの　つぼみは、
すこし　ひらいて　とじる。

はすの　つぼみは、みずの　うえに
でてから　ふくらみます。
あさはやくに　はなびらが
1まいずつ　ひらき、
ごごには　とじます。
はなは　4かかんの　あいだ
とじたり　ひらいたりを　くりかえし、
さいごの　ひに　ぜんぶの　はなびらが
おちて　しまうのです。

さきはじめた　つぼみ。
はなびらは　そとがわから
1まいずつ　ひらいていく。

ぜんぶの　はなびらが
ひらいた　はな

ねっこや　はっぱは
なんのために　あるの？

くさや　きも　どうぶつと　おなじく、みずと　えいようを　とりいれて
いきています。いきも　しています。
そのために　たいせつな　はたらきを　しているのが、ねっこと　はっぱです。
ねっこは　つちの　なかの　みずや　えいようを　すいとります。
からだが　たおれないように　ささえる　やくめも　あります。
はっぱは、えいようを　つくりだす　ばしょです。えいようを　つくるときには
たいようの　ひかりも　つかうので、たくさんの　ひかりが　あたるように、
はっぱを　ひろげて　いるのです。
また　めには　みえませんが、はっぱには　いきをするための　あなが
いくつも　あいています。

つちの　なかで　のびて　ひろがる　だいずの
ねっこと　じめんに　でてきた　め

おおきな　はと　はなを　つけた　ひまわり。
えいようを　つかって、はなを　さかせ、
たねを　つくる。

ちいさな　つぼみが　あつまって　ついています。
きれいな　みずが　ながれる
すずしい　ばしょで　そだちます。

なんの　つぼみでしょう。

わさびの　つぼみです。

わさびの　はな

みずべで　そだつ　わさび

はるに　なると、おおきさが
1せんちめーとるほどの　ちいさな
しろい　はなが　まとまって　さきます。

わさびの　はなびらの　かずは　4まいで、
すこし　ほそながい　かたちです。
はなびらが　ひらくと　まんなかに
6ぽんの　おしべと
1ぽんの　めしべが　みえます。
つちの　なかで　そだつ
ふとい　くきは　からく、すりおろして
おすしなどに　つけて　たべます。

さきっぽが　ねじれて　ほそながい　つぼみですね。
あおむらさきいろの　はなが　さきます。

なんの　つぼみでしょう。

かきつばたの　はな

はなびらの　しろい　すじは、
みつの　ありかを　むしに　しらせる
めじるしになる。

ひらきはじめた　つぼみ

かきつばたの　つぼみです。

あさい　いけの　なかや　みずべで　そだち、
まっすぐ　のびた　くきの　さきに
2つから　3つほどの　つぼみを　つけます。

かきつばたの　はなは、5がつごろに
ねじれた　つぼみが　ほどけるように　ひらきます。
はなの　おおきさは　10せんちめーとるほどで、
かわった　かたちを　しています。
はなびらの　かずは　6まいですが、
おおきくて　たれさがっている　3まいは
「がく」という　ぶぶんが　かわったものです。

じめんから　にょきにょきと　のびてきた　つぼみです。
おおきな　しろい　まんとを　ひろげたような　すがたが
とくちょうの　はなです。

なんの　つぼみでしょう。

みずばしょうの　つぼみです。

みずばしょうの　はな

やまの　なかの　みずべに　まとまって　そだち、はるから　なつに　はなが　さきます。

みずばしょうの　はなは、きいろい
ぼうのような　ぶぶんです。びっしり　ならぶ
きいろの　つぶの　1つずつが　はなです。
それぞれに　とても　ちいさな　4まいの
はなびらと　4ほんの　おしべと　1ぽんの
めしべが　あります。
しろい　まんとのようなものは、はなびらでは
ありません。はが　かわった「ぶつえんほう」と
いい、おおきさは　10せんちめーとるほどです。
ぶつえんほうは　はなを　つつんで
まもる　やくめを　します。

りゅうきんかの　はなと　いっしょに
みずべに　さく　みずばしょう

12

きみどりいろの　まるい　つぼみですね。
はるから　なつに、きんいろに　ちかい
こい　きいろい　はなが　さきます。

なんの　つぼみでしょう。

りゅうきんかの　つぼみです。

りゅうきんかは、やまなどの　しめった　ばしょや　みずべに　あつまって　はえます。

りゅうきんかの　つぼみは、のびた　くきの　さきや　はの　わきに　つきます。
はなは　ひらくと　３せんちめーとるほどの　おおきさに　なります。
きいろい　はなびらに　みえるのは、はが　かわった「がく」です。
はなびらは　ありません。
がくの　かずは　ふつう　５まいから　７まいくらいです。

みずべに　まとまって　そだつ　りゅうきんか

ひらきはじめた　りゅうきんかの　はな

たくさんの　おしべが　めだつ　りゅうきんかの　はな

はなは　どんな　ばしょに　さくの？

くさや　きは、いえや　がっこうの　まわり、かいがんや　かわなどの　みずべ、
のはらや　たかい　やまなど、いろいろな　ばしょで　そだち、はなが　さきます。
また、ひかげや　すなはま、さむい　ばしょなどが　すきな　ものも　います。
なかには、ふまれやすい　みちばたや　えいようの　すくない
いしころだらけの　ばしょで　さく　はなも　あります。
そのような　ばしょは、ほかの　くさや　きが　いないので、
えいようや　たいようの　ひかりを　ひとりじめ　できるからです。
くさや　きは、それぞれの　ばしょに　あった
からだの　つくりを　しています。

たかい　やまで　さく　こまくさの　はな　　　　　　　ひかげで　さく　やぶらんの　はな

みちばたで　よく　みられる　はこべの　はな　　　いしころだらけの　ばしょでも　さく　きくいもの　はな

しろい　はなと　たくさんの　つぼみが　みえますね。
みずべで　まとまって　はえるのが　とくちょうです。

なんの　つぼみでしょう。

おらんだがらしの
つぼみです。

みずの　なかや　みずの　ちかくの　しめった　ばしょで、
はるから　なつに　はなが　さきます。

おらんだがらしは、くきの　さきに
たくさんの　つぼみが　かたまって
つきます。
しろい　4まいの　はなびらを　もつ
はなが、つぎつぎに　ひらきます。
1つの　はなの　おおきさは
1せんちめーとるも　ありませんが、
びっしりと　みどりいろに　しげる　はの
うえでは、よく　めだちます。
おらんだがらしの　はは、「くれそん」と
よばれる　ぴりっと　からい　やさいです。

あさい　みずの　なかで　そだつ　おらんだがらし

みどりいろの 「がく」 に　つつまれた　ちいさな　つぼみです。
つぼみの　なかには、ある　いきものに
そっくりな　はなが　かくれています。

なんの　つぼみでしょう。

さぎそうの　つぼみです。

「さぎ」は　とりの　なまえです。
はなの　かたちが　そらを　とぶ
さぎと　そっくりなので、
このなまえが　つきました。

さぎそうは、ひの　あたる　しめった
ばしょに　そだちます。
なつに　なると、くきの　さきに
1つから　3つほどの
つぼみを　つけます。
つぼみの　わきから　ほそながく

ひらいた　はなびらの　りょうがわが
こまかく　さけている。

のびるものは、みつが　はいった　ふくろです。
やがて「がく」の　あいだから、とりが　はねを　ひろげるように
1まいの　はなびらが　おおきく　ひらきます。
はなは　まっしろで、おおきさは　3せんちめーとるほどです。

さぎそうの　はな

つぼみが　みずの　なかで　ゆれています。
なつに、うめと　よくにた
しろい　はなが　さきます。

なんの　つぼみでしょう。

ばいかもの　つぼみです。

みずの　なかで　さく　ばいかもの　はな

みずの　きれいな　あさい　かわの　なかで　まとまって　そだち、
みずの　うえや　みずの　なかで　はなが　さきます。

みずの　うえで　ひらいた　はな

ばいかもは、みずの　そこの　つちに
ねを　はりますが、はや　くきは
みずの　なかです。
はの　わきから　つぼみの　ついた　くきが
みずの　うえまで　のびて、
はなびらが　ひらきます。みずの　なかで
さく　ことも　あります。
はなびらの　かずは　5まいで、まんなかが
こい　きいろです。はなの　おおきさは
2せんちめーとるほどです。

たれさがった　ふさに　まるい　つぼみが　ついた、
ぶどうのような　すがたです。
にほんでは、おきなわなど　あつい　ちほうで
なつに　さく　はなです。

なんの　つぼみでしょう。

みずの　うえで　ひらいた　はな

さがりばなの　つぼみです。

ふさふさした　はなが　さいた
すがたは、ぶらしに　にています。

さがりばなは、みずべに　はえる
たかさが　15 めーとるほどの　きです。
はの　わきから　10 こから 20 この
つぼみを　つけた
60 せんちめーとるにもなる
ながい　ふさが　ぶらさがります。
はなが　さくのは　よるです。
４まいの　しろい　はなびらが　ひらき、
なかから　しろや　ぴんくいろの
たくさんの　おしべが　あらわれます。
あまい　かおりの　する　はなは
よなかも　さいていて、あさになると
ぜんぶ　おちてしまいます。

たくさんの　はなの　ふさが　ぶらさがる　さがりばなの　き

みずに　おちた　はな

かいがんの　すなはまで　そだつ、
せの　ひくい　はなの　つぼみです。
なつに、しろい　ちいさな　はなが
かたまりになって　たくさん　さきます。

なんの　つぼみでしょう。

はまぼうふうの
つぼみです。

うえから　みると、くきの　さきに　ついた　はなの　かたまりが
まるく　ひろがっています。

はまぼうふうの　くきや　はなの
まわりには、しろい　けが　たくさん
はえていています。
つぼみの　かたまりも　けで
おおわれています。
1つの　はなの　おおきさは
4みりめーとるほどで、はなびらは
5まいです。1つの　はなの　かたまりは、
おおきさが　3せんちめーとるから
6せんちめーとるほどで、ぼーるのようです。

かいがんで　まとまって　そだつ
はまぼうふう

はまぼうふうの　み

うみべの　すなはまに　くきを　ながく　のばして
ひろがる　はなです。
つんと　とがった　つぼみから、
らっぱがたの　はなが　ひらきます。

なんの　つぼみでしょう。

はまひるがおの　つぼみです。

ひらきはじめた　はまひるがおの　はな

うえから　みた　はな

はるから　なつに、あさがおと　よくにた　うすむらさきいろの　はなが　さきます。

はまひるがおは、はの　わきに　うえを　むいて　つぼみが　そだちます。
つぼみは　さきっぽが　ねじれて　とがっています。
やがて　ねじれが　ほどけて、はなびらが　らっぱのように　まるく　ひろがります。
はなの　おおきさは　5せんちめーとるほどで、はなびらの　かずは　1まいです。おくには
5ほんの　おしべと　1ぽんの　めしべが　あります。
はなは　ゆうがたには　しぼんで　そのまま　かれます。

すなはまに　さく　たくさんの　はまひるがお

かいがんに　はえる
たかさが　３めーとるほどの　きに　さく　はなです。
なつに　つぼみを　つけて、
きいろい　よく　めだつ　はなが　さきます。

なんの　つぼみでしょう。

はまぼうの　はな

はまぼうの　つぼみです。

えださきの　はの　わきに、
１つから　２つの　つぼみが　そだちます。

はまぼうの　はには　こまかい　けが　あり、
つぼみを　まもる「がく」にも　けが　はえています。
とがった　つぼみの　さきっぽから、
きいろい　はなびらが　のぞくと　ひらく　あいずです。
５まいの　はなびらが　かさなりあって　ついていて、
ひらいた　はなは　ふねの　すくりゅーのような
かたちです。
はなの　おおきさは
６せんちめーとるから　10せんちめーとるほどで、
１にちで　しぼみます。

えだいっぱいに
はなを　つけた　はまぼう

30

水辺に咲く花のつぼみを見てみよう

川や池などの水辺や海辺に咲く花はいろいろあります。ハスの花はたくさんの花びらが開いた大きな花です。ミズバショウの花は大きな白い花びらのようなものに包まれています。ハマヒルガオは、アサガオに似たラッパのような形の花です。それぞれの花のつぼみや咲き方はどうでしょうか。

ハスは池や沼などの中に生え、つぼみは水面から出た茎の先につき、しずくのような先がとがった形です。花は、つぼみから花びらが1枚1枚はがれるように開いて咲きます。花の中心にはハチの巣のような形の「花托」があり、花托を取り囲むようにつく花びらは十数枚から、多い品種では何千枚にもなります。めしべは10本以上あり、花托にあいた穴から出ます。花托のまわりにあるおしべは何百本にもなることがあります。

ミズバショウは湿地などに生え、つぼみは地下に伸びる茎から、にょきにょきと生えます。つぼみを包む白い部分は、開くと大きな1枚の花びらのようになり、中から1本の棒状のものがあらわれます。棒状のものには小さな突起がたくさんついて、この1つ1つが小さな花なのです。花にはとても小さな花びらが4枚、おしべが4本、めしべが1本あります。白い部分は花びらではなく、葉が変化した「苞」というもので、花を守るように包んでいます。

ハマヒルガオは海辺の砂浜に生え、つぼみは地面にはうように伸びた茎につきます。アサガオのつぼみに似た、とがった形のつぼみです。花びらもアサガオと同じように5枚の花びらが融合して1枚に見える合弁花で、おしべは5本、めしべは1本です。花が咲く時間は、アサガオが早朝から午後なのに対して、ハマヒルガオは朝から夕方までとちがいがあります。また、アサガオの茎は巻きついて上へ伸びますが、ハマヒルガオの茎は横に伸びるので、海辺の強い風に飛ばされにくいです。

水辺に咲く花は、水中や水分が多い場所からつぼみを出したり、海辺などの環境に強いつくりだったりと、学校のまわりや公園や野山に咲く花と少し特徴がちがう部分があります。特徴を観察してみましょう。

つぼみの ずかんシリーズ 全 ③ 巻

稲垣栄洋 監修

さまざまな花のつぼみと花が開くようすを写真で紹介した図鑑シリーズ。花に比べて目立ちにくいつぼみですが、よく観察してみると、花に色や形がいろいろあるように、つぼみも花ごとに違います。つぼみの形や開いて花になるようすなど、つぼみから咲くまでの過程を観察することで新しい発見や観察眼を養うことにつながります。

がっこうのまわりの はな

第 ① 巻

ソフトクリームみたいな形のアサガオのつぼみ、両手を合わせたようなチューリップのつぼみ、小さな丸い形が集まったアジサイのつぼみなど、学校のまわりや庭や公園でよく見かける花を紹介。学校や家で栽培されていて観察しやすい花を多く掲載しています。

アサガオ／パンジー／スズラン／チューリップ／スイセン／サクラ／アジサイ／オシロイバナ／ヒマワリ／ルピナス／コスモス／シクラメン

のやまの はな

第 ② 巻

風船のようにふくらんだキキョウのつぼみ、真ん中でたたまれて細長い形のカラスノエンドウのつぼみ、うろこのように重なった総苞に包まれたノアザミのつぼみなど、野山に咲く花を紹介。郊外での散策やハイキングなどの際に見られる花を多く掲載しています。

キキョウ／タンポポ／オオイヌノフグリ／カラスノエンドウ／ハルジオン／ノアザミ／カワラナデシコ／ネジバナ／ヤマユリ／クズ／リンドウ／ヒガンバナ

みずべの はな

第 ③ 巻

花びらが何枚も重なったハスのつぼみ、つんと先がとがったカキツバタのつぼみ、ブドウのように丸いつぼみがたくさんついたサガリバナのつぼみなど、川や海などの水辺に咲く花を紹介。学校のまわりや野山に咲く花とは少し異なる特徴の花を掲載しています。

ハス／ワサビ／カキツバタ／ミズバショウ／リュウキンカ／オランダガラシ／サギソウ／バイカモ／サガリバナ／ハマボウフウ／ハマヒルガオ／ハマボウ

■編集スタッフ
編集　　　　室橋織江
文　　　　　栗栖美樹
装丁・デザイン　鷹觜麻衣子
写真　　　　PIXTA
　　　　　　フォトライブラリー

よりよい本づくりをめざして

お客さまのご意見・ご感想をうかがいたく、読者アンケートにご協力ください。

アンケートはこちら！⬇

**つぼみの ずかん
みずべの はな**

初版発行　2024年3月　　第3刷発行　2024年10月

監修　　稲垣栄洋
発行所　株式会社 金の星社
　　　　〒111-0056　東京都台東区小島1-4-3
　　　　TEL 03-3861-1861（代表）　FAX 03-3861-1507
　　　　振替 00100-0-64678　ホームページ https://www.kinnohoshi.co.jp
印刷　　株式会社 広済堂ネクスト
製本　　株式会社 難波製本

NDC479　32ページ　26.6cm　ISBN978-4-323-04195-7
©Orie Murohashi, 2024　Published by KIN-NO-HOSHI SHA, Tokyo, Japan
■乱丁落丁本は、ご面倒ですが小社販売部宛ご送付下さい。送料小社負担にてお取替えいたします。

はなが　さく　じき

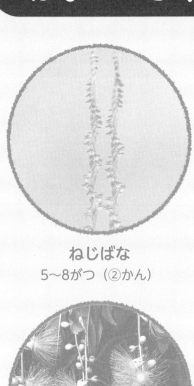

ねじばな
5〜8がつ（②かん）

はまぼうふう
6〜7がつ（③かん）

ばいかも
6〜8がつ（③かん）

さがりばな
6〜8がつ（③かん）

やまゆり
7〜8がつ（②かん）

さぎそう
7〜8がつ（③かん）

はす
7〜8がつ（③かん）

はまぼう
7〜8がつ（③かん）

あさがお
7〜9がつ（①かん）

①かん『がっこうのまわりの　はな』　②かん『のやまの　はな』　③かん『みずべの　はな』